图书在版编目（CIP）数据

机器与发明——用智慧把世界转起来 /（英）伊恩·格拉汉姆著；（英）大卫·安契姆等绘；黄丹彤译. —广州：新世纪出版社，2017.11（2019.8重印）
（奇妙世界）
ISBN 978-7-5583-0731-7

Ⅰ. ①机… Ⅱ. ①伊… ②大… ③黄… Ⅲ. ①机器—少儿读物 Ⅳ. ①TB4-49

中国版本图书馆CIP数据核字（2017）第200942号

机器与发明——用智慧把世界转起来
Jiqi yu Faming——Yong Zhihui Ba Shijie Zhuan Qilai

出 版 人：姚丹林
策划编辑：王 清 秦文剑
责任编辑：秦文剑 黄诗棋
责任技编：王 维
封面设计：高豪勇

出版发行：新世纪出版社
（广州市大沙头四马路10号）
经 销：全国新华书店
印 刷：广州一龙印刷有限公司
规 格：889mm × 1194mm 开 本：16 开
印 张：2 字 数：14 千
版 次：2017年11月第1版 印 次：2019年8月第2次印刷
定 价：28.00元

质量监督电话：020-83797655 购书咨询电话：020-83781537

机器与发明

——用智慧把世界转起来

[英] 伊恩·格拉汉姆◎著　[英] 大卫·安契姆 等◎绘　黄丹彤◎译

SPM
南方出版传媒
新世纪出版社
·广州·

文字作者：

伊恩·格拉汉姆本科毕业于伦敦城市大学的应用物理系，研究生就读新闻系，专攻科技方向。毕业后，伊恩成为一名自由作家和记者，现已著有上百本儿童科普书籍。

世界上最快的火箭飞机

美国航空航天局（NASA）的X–15是世界上最快的载人火箭飞机。在1959年到1968年间执行了199次飞行任务，最高时速可达每小时7274千米。

绘画作者：

大卫·安契姆，马克·伯金，比尔·多诺霍，丽思·哈伊杜尔，约翰·詹姆斯，马克·皮佩，李·皮特斯，托尼·汤森德，汉斯·韦伯格简森，杰拉德·沃德。

世界上最大的客机

欧洲空中客车A380是世界上最大的客机。两端翼梢的距离长达80米，两层客舱可承载525名乘客。

机器与发明

——用智慧把世界转起来

空中客车A380

目　录

什么是机器与发明？

机器是能工作的装置。杠杆、机器人都属于机器。机器可以像杠杆那样简单，也可以像机器人那样复杂。发明是创造出新事物或做事情的新方式。不是所有的发明都是机器。

最早的发明是什么？

早期的发明是一些简单的工具，比如刮具、小刀和斧头。这些工具是人们利用身边的物件制造出来的，例如石头、骨头、鹿角、树枝和其他材料。

圆形的石头可以做成很好的锤子。有锋利边缘的碎石则可用于切割。

早期人们怎样生火？

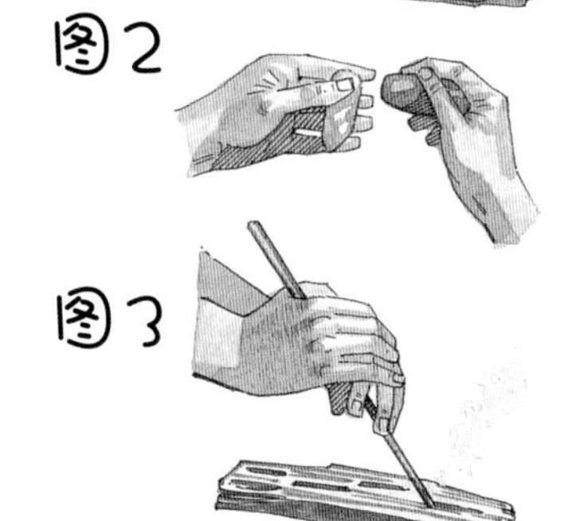

几千年前，人们通过摩擦木块的方式来生火。用燧石和黄铁矿相互碰撞，也是取火方式之一。

钻木取火（图1）、击石（燧石和黄铁矿）取火（图2）和火犁取火（图3）是古代常见的取火方法。

带刺鱼钩

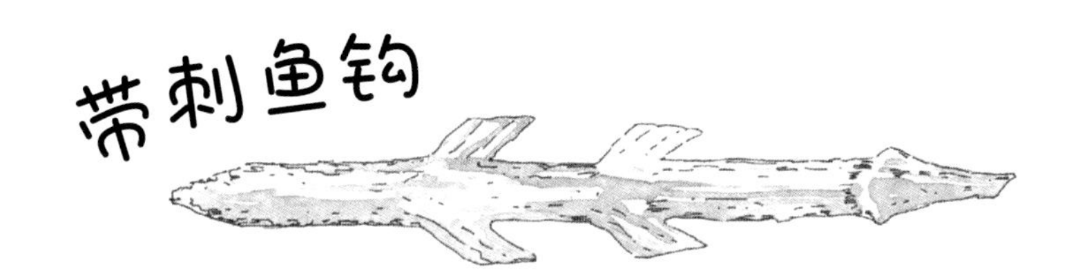

早期工具的用途是什么？

古代人类利用早期工具来获取食物、建造住所。人们用骨头做的鱼钩来捕鱼；用石刀来切割捕猎到的动物；用石斧头来砍伐树木，建造房屋。

石器时代的刀

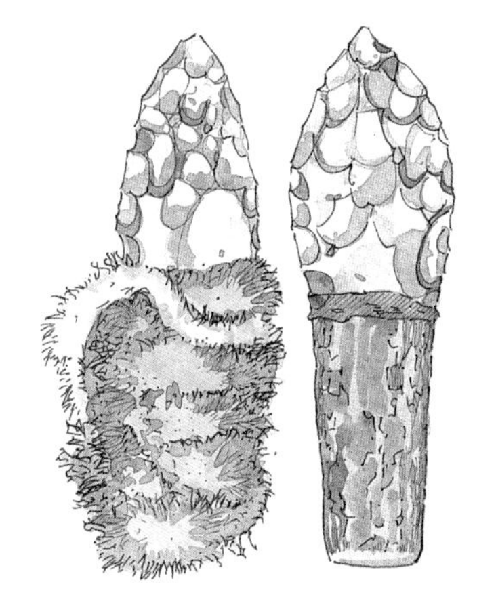

燧石可以用来制造锋利的切割工具。古代人类为了方便握持，会在燧石外面裹上一层动物皮，或者装上把手。

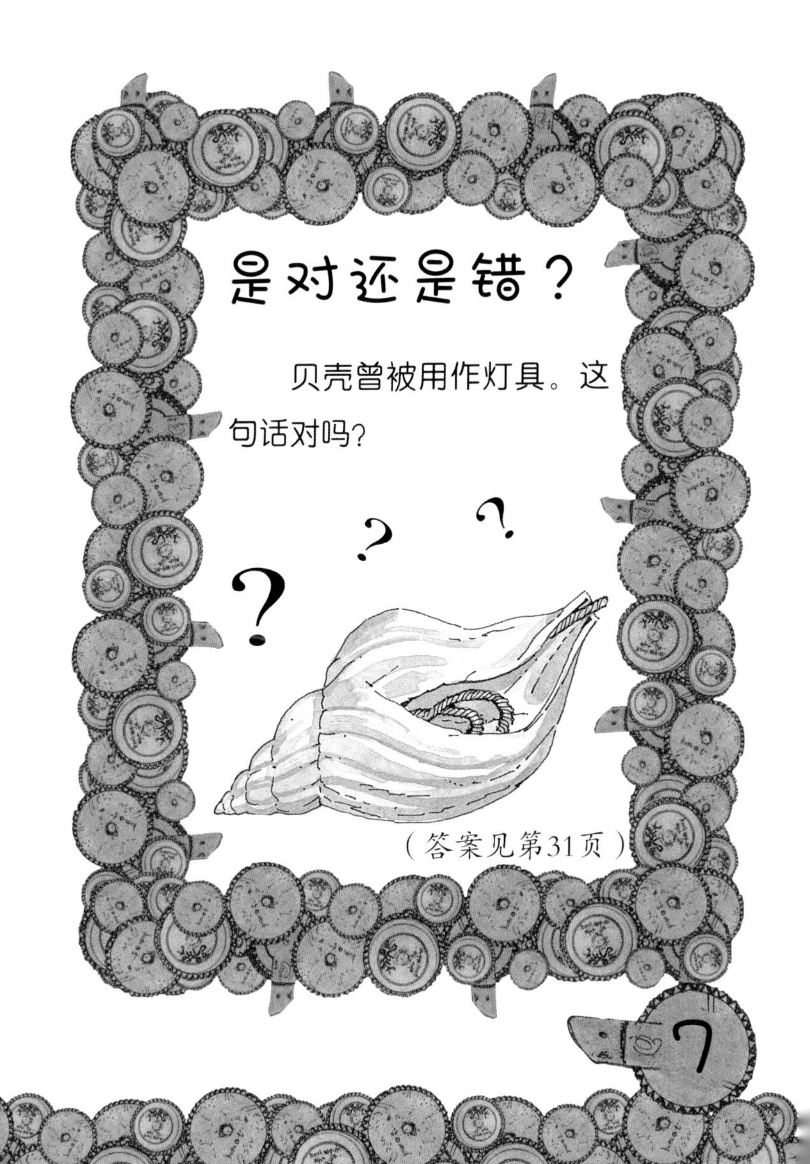

是对还是错？

贝壳曾被用作灯具。这句话对吗？

（答案见第31页）

轮子最早在什么时候出现？

轮子是最重要的发明之一。轮子大约出现在5 500年前的美索不达米亚。美索不达米亚是现在伊拉克的古代名称。

是对还是错？

图中的模具是在伊拉克的一个古墓中发现的，可追溯到公元前2 000年。这句话对吗？

（答案见第31页）

轮子的类型

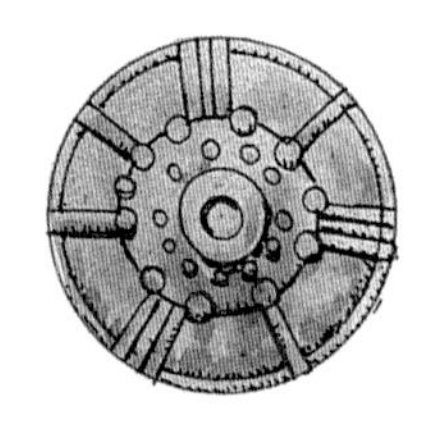

最早的轮子是将切割成圆形的木板钉在一起做成的。这些实心的木质轮子非常笨重。后来的轮子则改用辐条制作做成，比原来的实木轮子轻了不少。

美索不达米亚的牛车

古代美索不达米亚人用马或牛拉动装了轮子的车，使运载重物变得更加容易。后来，人们制造了小型轻巧的双轮战车，用来运载士兵上战场。我们可以通过现存的古代雕刻品和镶嵌画来了解这些车辆的构造。而在印加文化和玛雅文化中，轮子只被用于制作滚轮玩具，始终没有被作为真正的工具使用。

美索不达米亚的战车

度量衡是谁发明的？

古埃及人发明的度量衡是最早的度量制度之一。他们的长度单位是依照人的身体部位制定的。肘部至指尖的长度是一腕尺。

测量金字塔

埃及金字塔的建筑师们在开始建造金字塔之前，要先确保地面是平整的。下图是他们使用过的测量地面平整的一种方法。

首先，建筑师在地面丈量出一大片方形的网格；接着，在各个方形网格间挖出一道道凹槽，并往凹槽中注水。由于所有的凹槽都连接在一起，凹槽中的水最后会处于同样的高度。建筑师把每个凹槽的水位都标记下来后，将每个网格高于水位线的土挖掉，最后就能得到一块平整的土地。

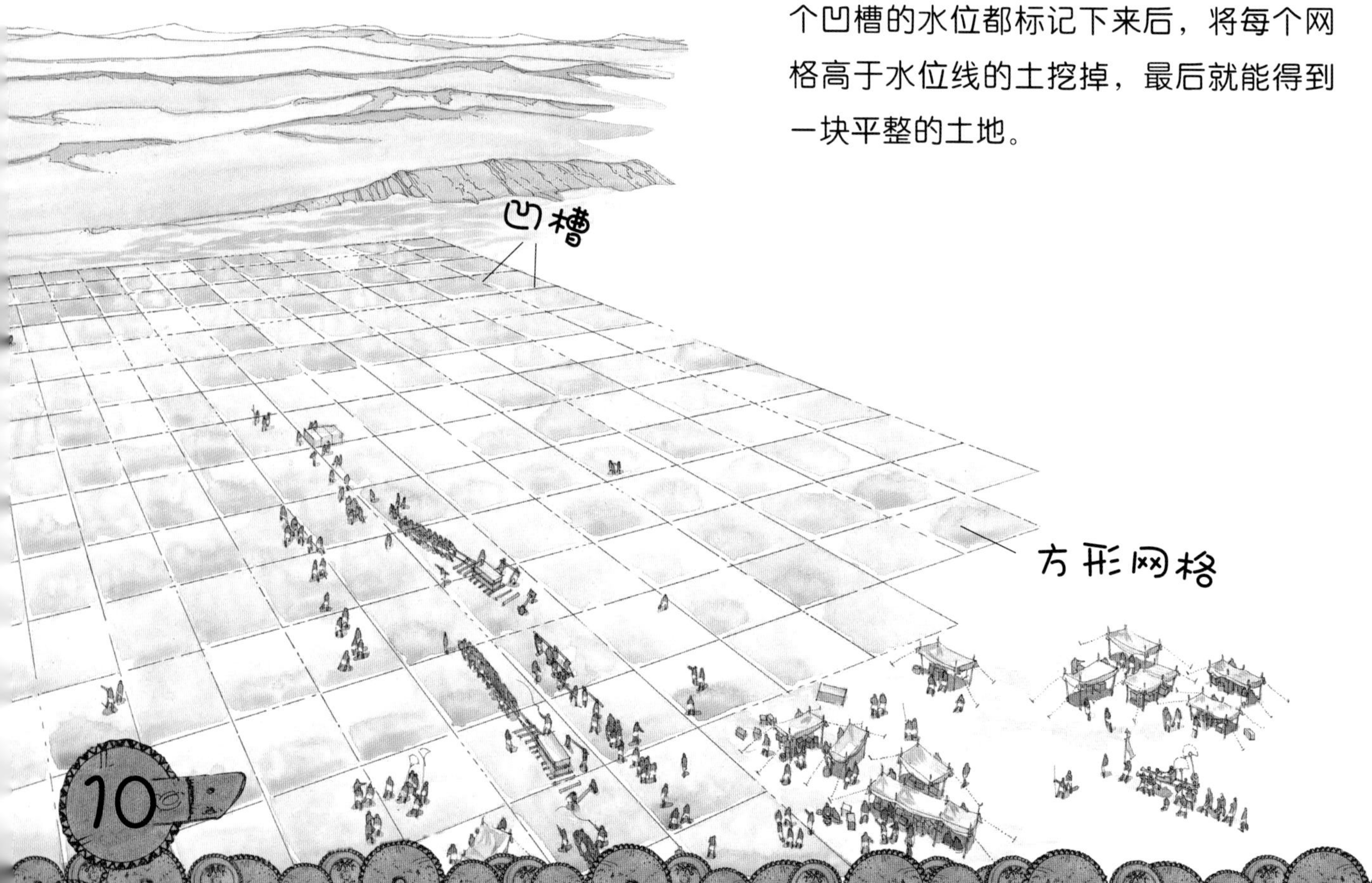

计量时间

日晷是最古老的计量时间的发明之一。

当阳光照射在日晷上时，指针（又叫晷针）在晷面上投下了影子。地球转动时，天上的太阳相对地球的位置也变换了，这就使得晷针的影子也跟着移动。晷针的影子随着时间的变化会指向晷面上的不同刻度，读取刻度就能计量一天之内的时间了。

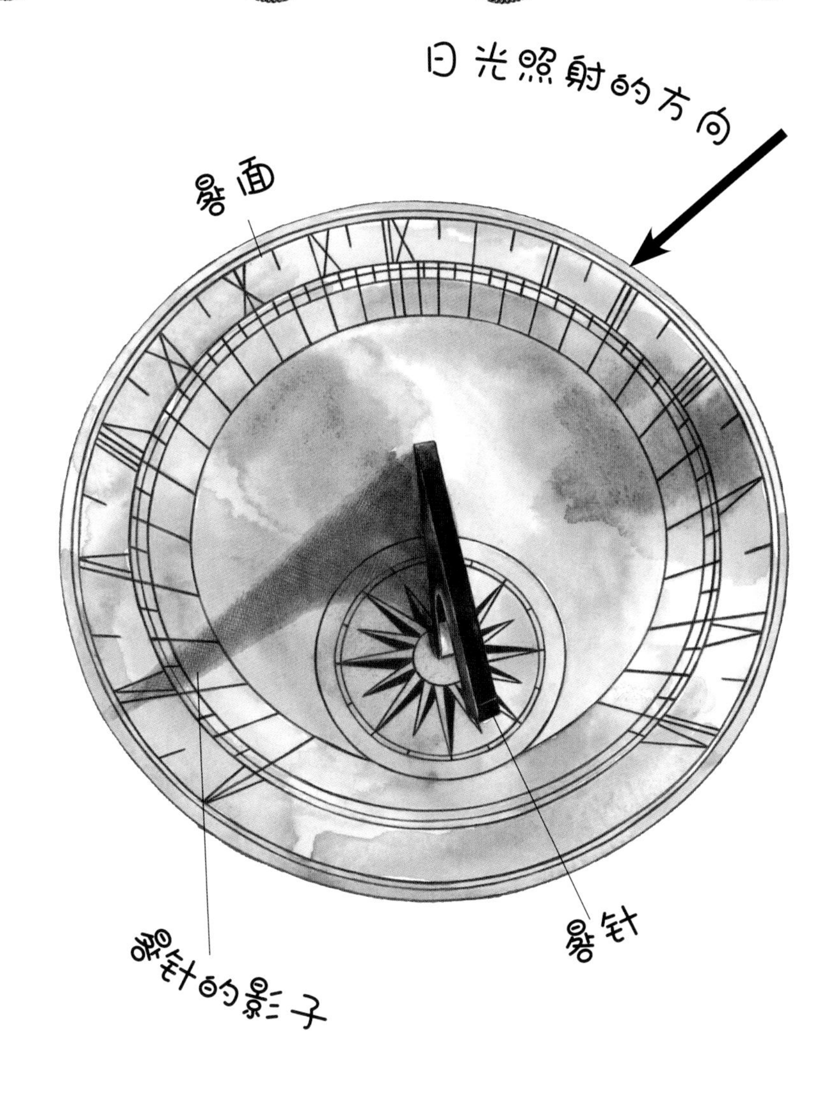

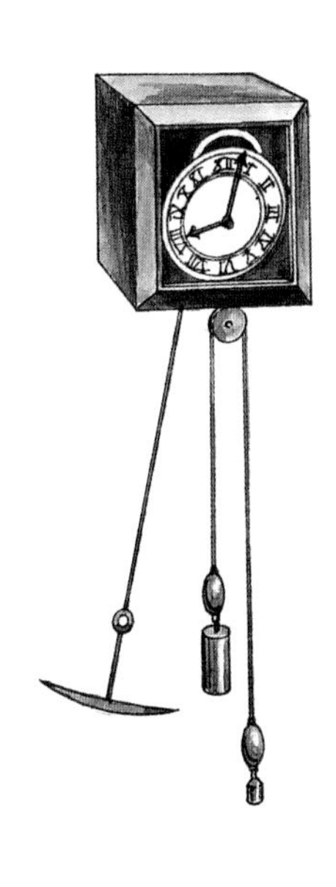

第一只由重力或弹簧驱动的时钟出现在13世纪的欧洲。表要到200年后才出现。最初表是装在口袋里的，戴在手上的腕表在20世纪20年代才开始流行起来。

最早的防御方式是什么？

最早的防御方式是人们捕猎动物为食时，会使用长矛和木棍来抵御动物的伤害。后来，人们为了打仗，制作了专门的武器，还创建了防御军队。

在中世纪时期，欧洲各国兴建城堡。起初，城堡是用木头建造的；后来，人们开始用石头来建造城堡。石头城堡非常坚固，有许多石头城堡一直保存至今。

不过，即使是最坚固的城堡，也可能被攻陷。

在2 700年以前，亚述人是最早使用铁铸的武器装备自己军人的民族。

盾牌

弓箭手

头盔

建造中世纪城堡

在围攻一座城堡时，攻击方士兵会将整座城堡包围起来，这样就没有人能够进出了。防御方如果吃完了城堡内的粮食，就得投降。如果攻击方不想浪费时间等待对方投降，而决定攻破城堡，通常会使用器械把巨大的石块发射出去，砸毁城墙。

这个厕所大约建于公元前2500年，位于今巴基斯坦地区。

人们如何保持清洁？

在大约2 000年前的古罗马，淋浴就开始流行起来。那时候古罗马人不用肥皂清洁身体，而是用一种叫刮身板的工具刮除皮肤上的污垢。

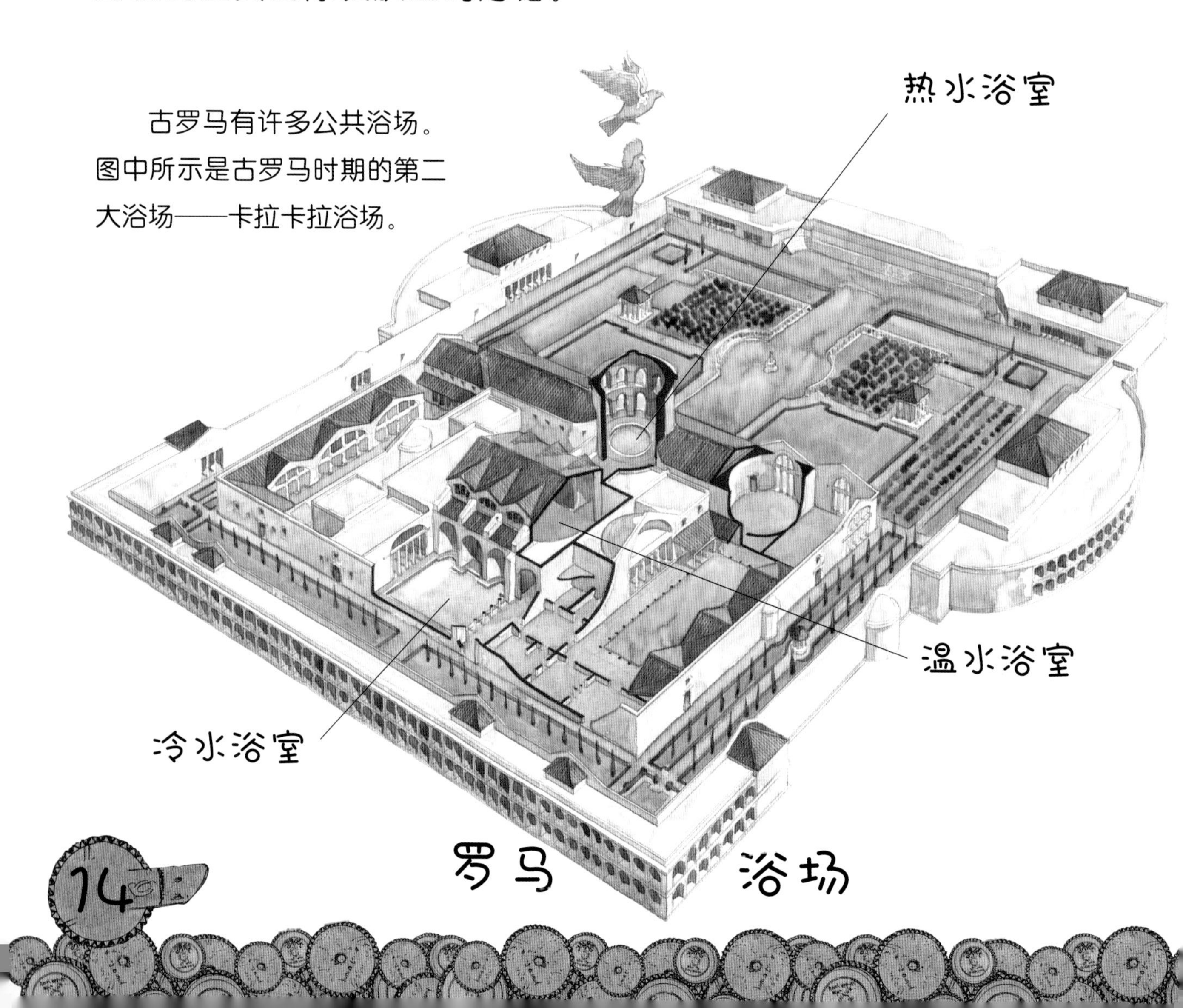

古罗马有许多公共浴场。图中所示是古罗马时期的第二大浴场——卡拉卡拉浴场。

米诺斯式沐浴

已知的最古老的浴缸大约出现在4 000年前，是在米诺斯人生活的地中海克里特岛上发掘出来的。这些浴缸没有水龙头，要用水壶倒水装满浴缸。米诺斯人的厕所也是用水壶冲洗的。

维多利亚抽水马桶

1890年左右

到了19世纪90年代，富人家里都装上了抽水式马桶，当时叫“盥洗室”。拉动把手就能让水流冲刷马桶，从而达到清洁的作用。我们到今天还采用这种方式。

最早的中国文字使用图画符号来表示。

最早使用文字的人是谁？

美索不达米亚（古伊拉克）的苏美尔人是最早使用文字的民族。他们用芦苇杆在黏土上刻图像，记录农产品的购买和销售账目。这种图画文字后来发展成为楔形文字。楔形文字就是用楔形图案来表示的文字。

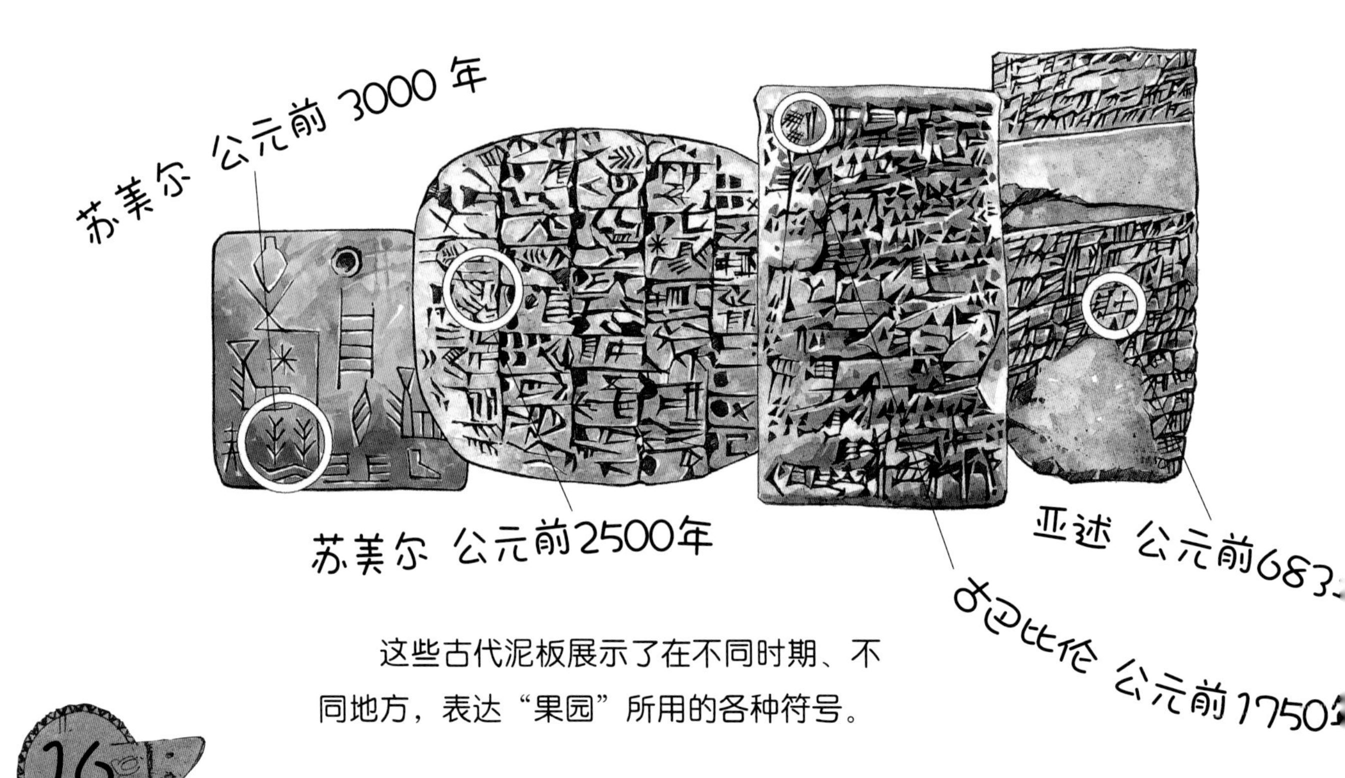

这些古代泥板展示了在不同时期、不同地方，表达“果园”所用的各种符号。

印刷术是什么时候发明的？

已知最早的印刷品是中国的雕版《金刚经》，在公元868年印制而成。雕版印刷的流程，是先在木板上手工雕刻出所有的符号和图画，木板雕刻完成以后，就可以印刷成书了。后来，中国人发明了活字印刷术。

是对还是错？

《马萨林圣经》是最著名的古腾堡印刷本。这句话对吗？

（答案见第31页）

活字印刷术是把一个个胶泥制的单字拼接起来，组成不同的词句的印刷术。这些单字可以被重复使用很多次。

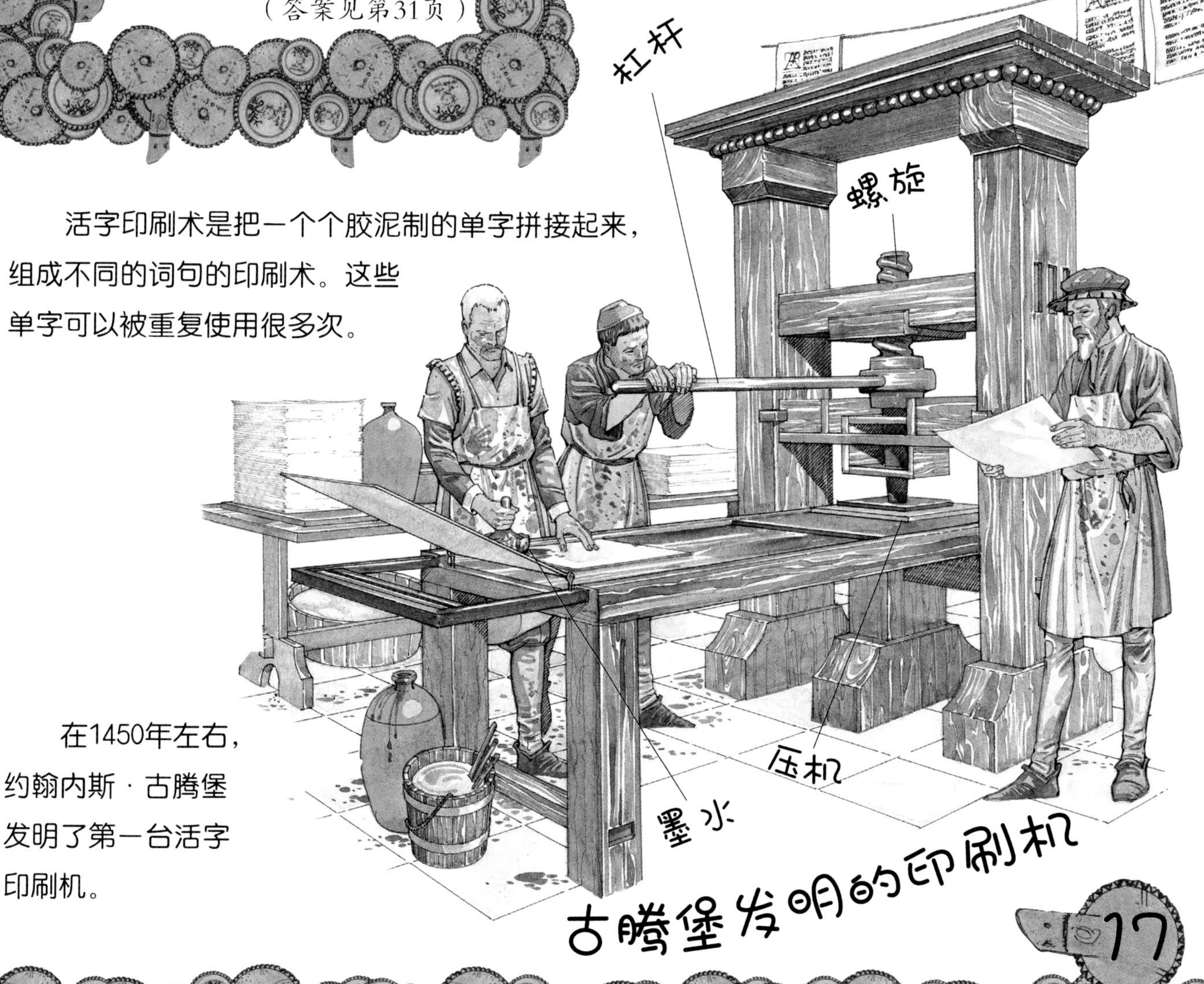

在1450年左右，约翰内斯·古腾堡发明了第一台活字印刷机。

古腾堡发明的印刷机

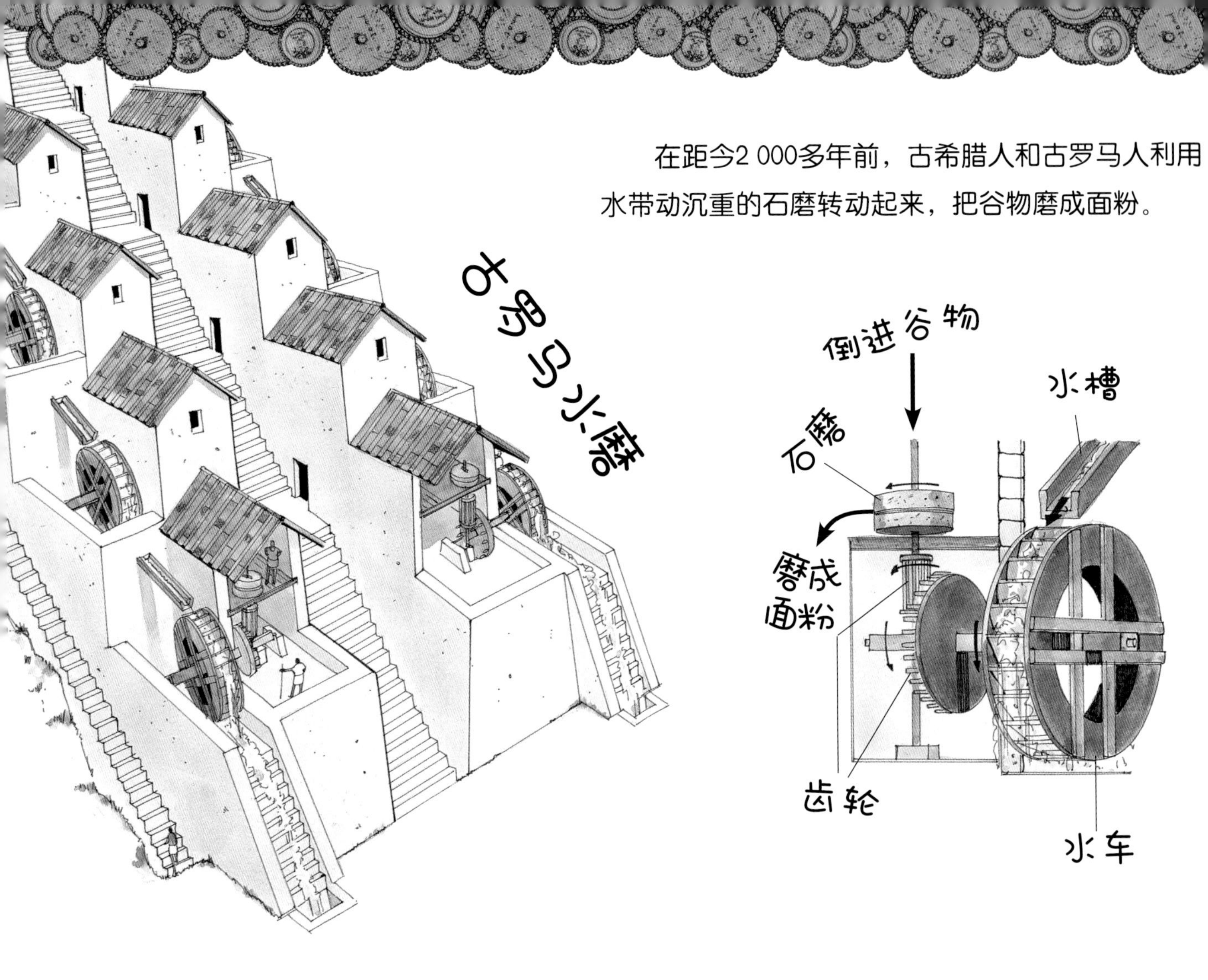
在距今2 000多年前，古希腊人和古罗马人利用
水带动沉重的石磨转动起来，把谷物磨成面粉。
古罗马水磨
倒进谷物
水槽
石磨
磨成
面粉
齿轮
水车

最早利用大自然力量的人是谁？

古希腊和古罗马人最早发明了利用大自然力量的机器。他们
公元前100年左右开始使用水车。水车的原理是利用流水
刷水车边缘的一个个桨片或水斗，从而推动水车转动。

纽可门蒸汽机

1712年左右，英国工程师托马斯·纽可门发明了第一台实用蒸汽机。纽可门的机器被用于将水从矿井里抽出来，避免矿井被水淹没。

发明电灯泡的人是谁？

19世纪70年代，英国发明家约瑟夫·斯旺爵士和美国发明家托马斯·爱迪生几乎同时成功制造出第一批电灯泡。

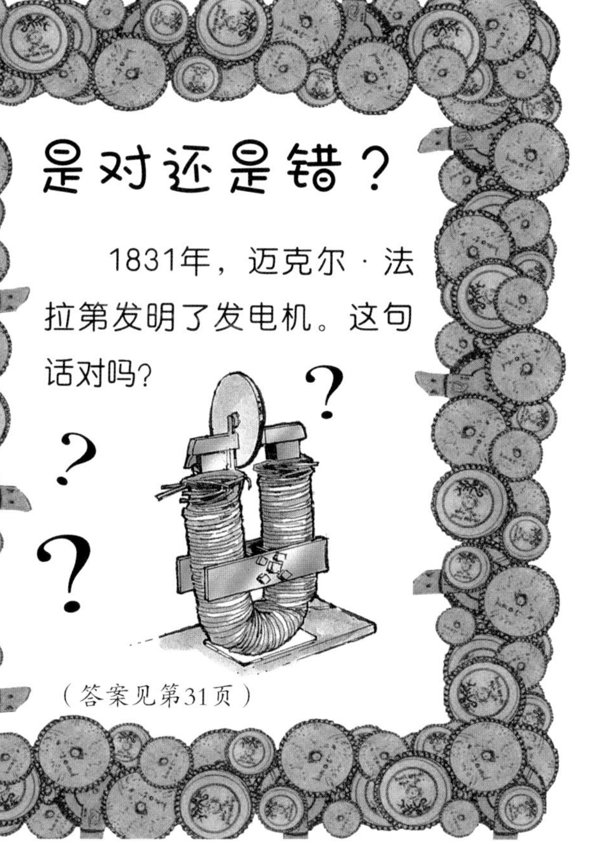

是对还是错？

1831年，迈克尔·法拉第发明了发电机。这句话对吗？

（答案见第31页）

人类的出行速度什么时候开始变快？

在19世纪初期，人类发明了蒸汽火车。在这之前，有轨火车都是用马匹拉动的。蒸汽机大获成功以后，铁路在世界各地迅速地发展起来。后来，人类又发明了体形更小、更轻便的汽油发动机，促使了汽车和飞机的发明。

飞行者1号

1903年12月17日，在美国北卡罗莱纳州的基蒂霍克，奥维尔·莱特驾驶着他和哥哥威尔伯·莱特制作的飞机，实现了人类史上第一次动力空中飞行。

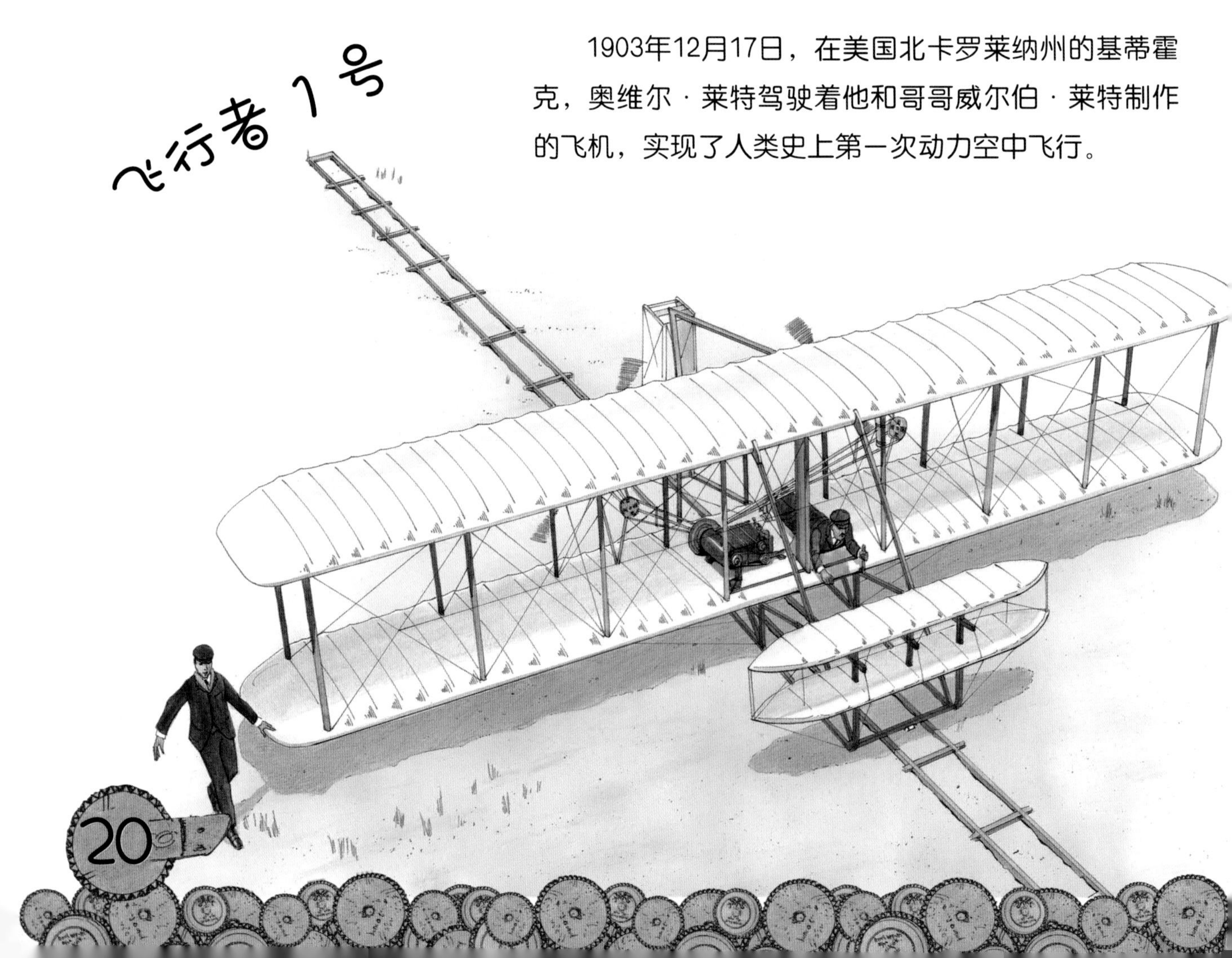

第一辆以汽油为动力源的汽车建造于1885年。早期的汽车非常昂贵。1908年，亨利·福特制造了第一辆普通人也能买得起的汽车：T型车。在1908年到1927年间，超过1 500万辆T型车被生产出来。

福特T型车

“火箭号”机车因何而闻名于世？

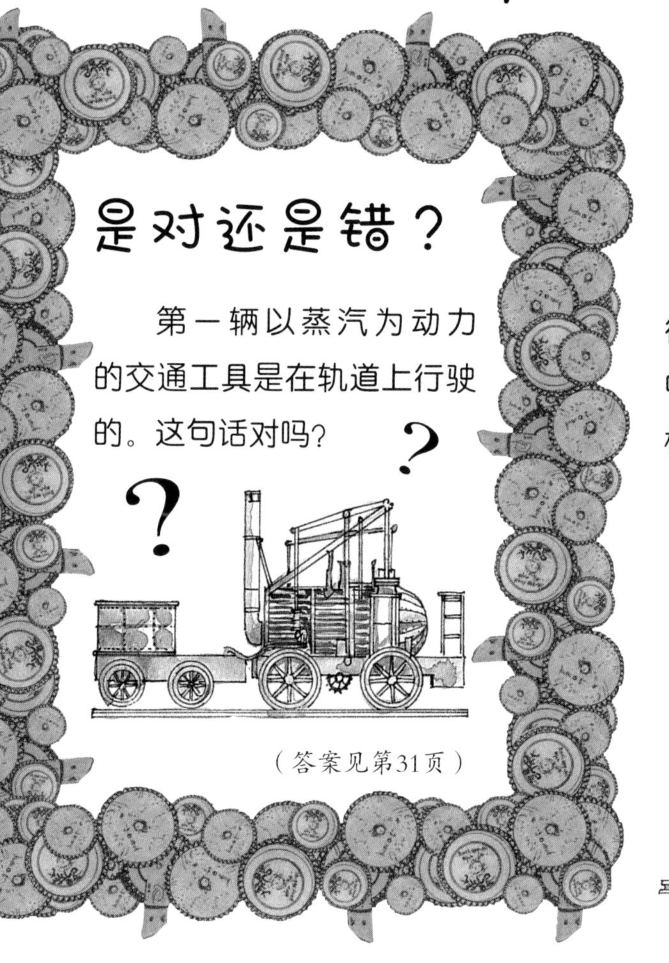

是对还是错？

第一辆以蒸汽为动力的交通工具是在轨道上行驶的。这句话对吗？

（答案见第31页）

“火箭号”机车在1829年举行的一次“最佳火车头”选拔赛中夺得冠军，因此，“火箭号”机车声名远扬，闻名于世。

超音速推进号

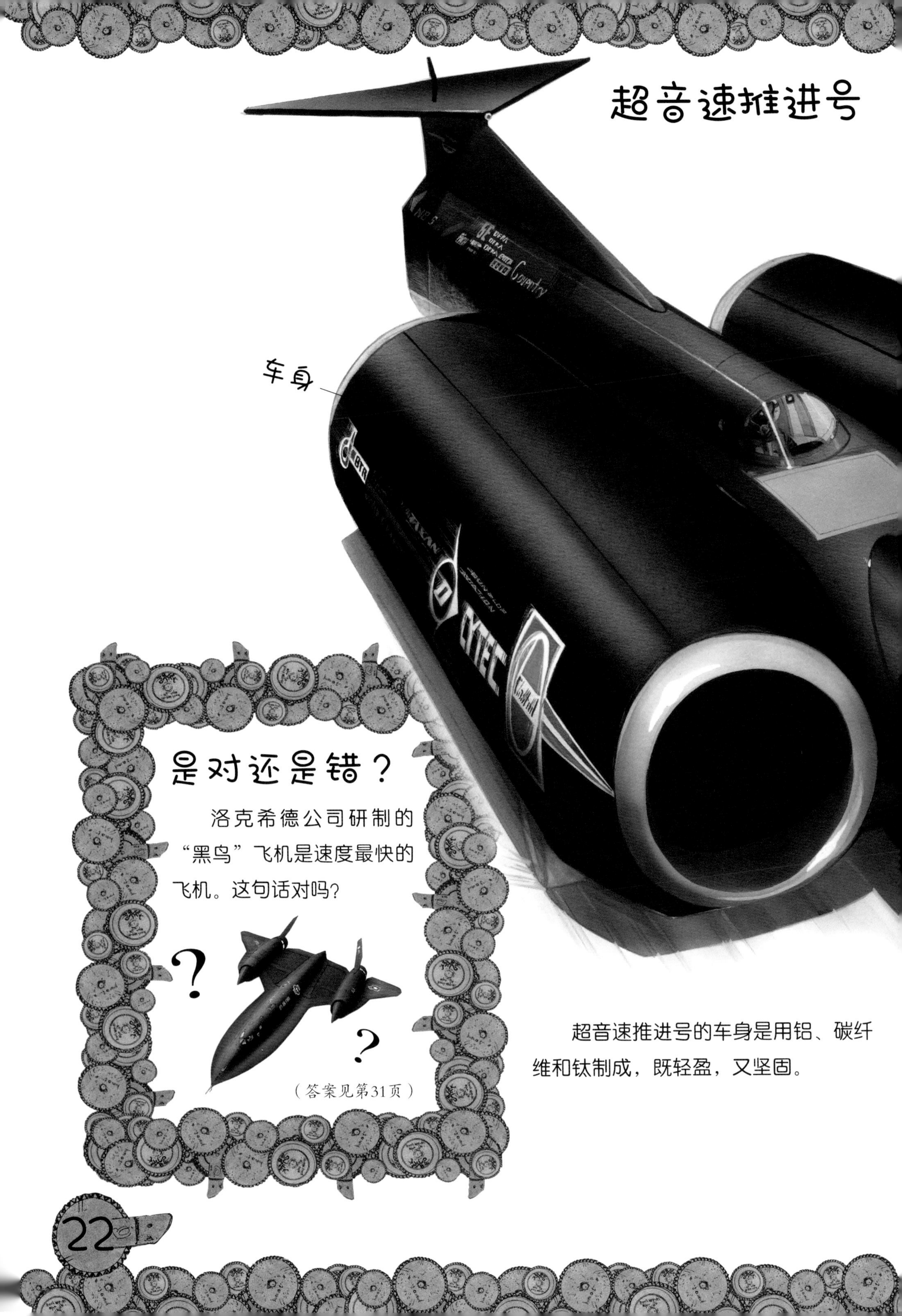

是对还是错？

洛克希德公司研制的“黑鸟”飞机是速度最快的飞机。这句话对吗？

（答案见第31页）

超音速推进号的车身是用铝、碳纤维和钛制成，既轻盈，又坚固。

世界上速度最快的有轮机器是什么？

劳斯莱斯
喷气式发动机

超音速推进号是世界上速度最快的车。1997年，这辆以喷气式引擎为动力的车以每小时1228千米的速度，打破了世界陆上极速纪录。

进气道

“超音速推进号”的英文名称是*Thrust SSC*，SSC是“supersonic car”的缩写，表示“超音速车”的意思。“超音速推进号”是第一辆突破音障的车。

现代医学是怎样发展起来的？

几千年来，医生为病人治病，不是敷药草，就是施咒语。在最近过去的几个世纪里，科学家才逐渐了解人体的构造，发现了致病的原因。

医药安全

麻醉剂在19世纪40年代被发现。当时的外科医生和牙医发现，吸入了乙醚的病人感觉不到疼痛。

1865年后，约瑟夫·李斯特在手术室里喷洒石碳酸杀细菌。

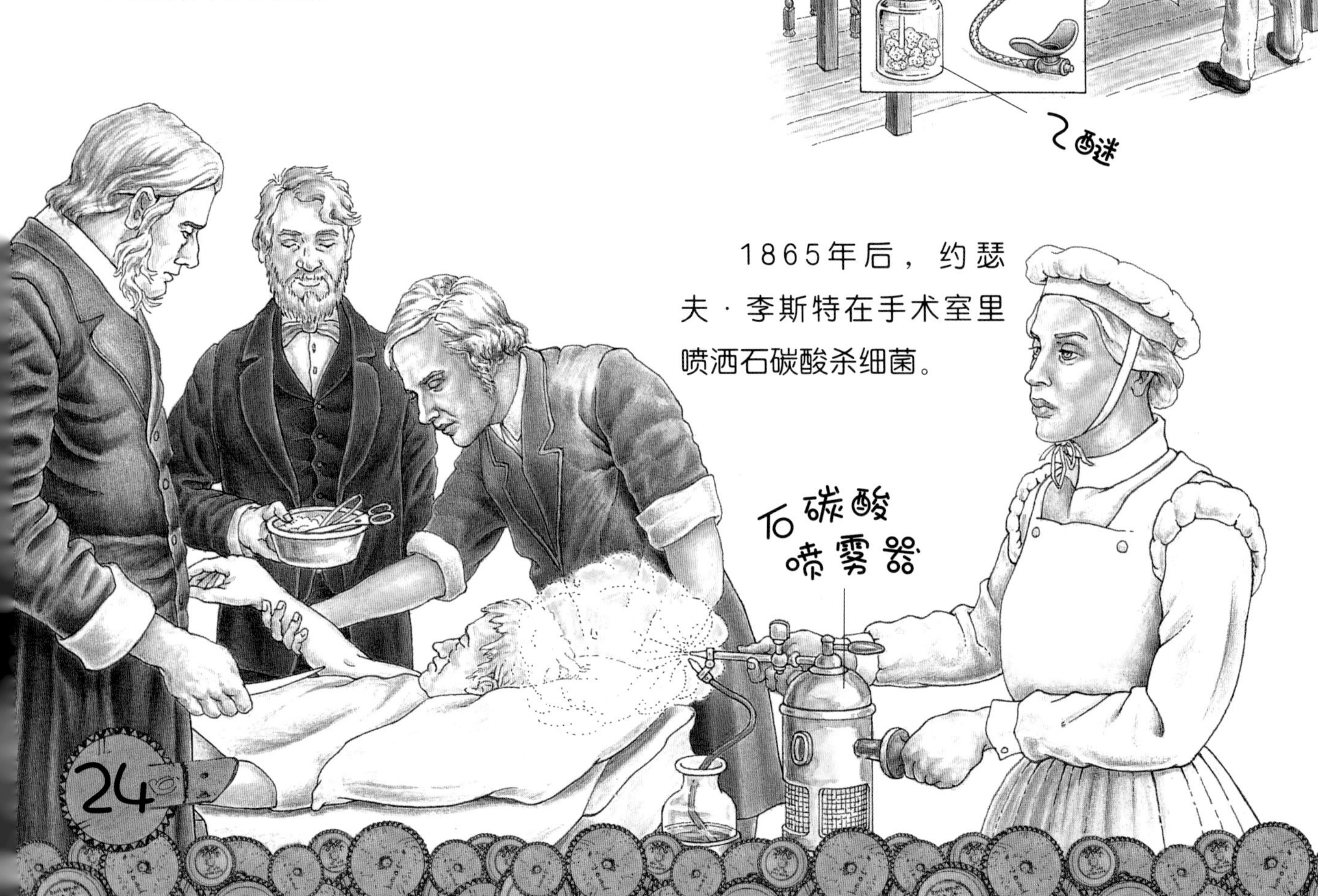

路易·巴斯德

1796年，爱德华·詹纳研究出牛痘接种法治疗天花。19世纪80年代，路易·巴斯德发现了另一种致命疾病——狂犬病的疫苗。

是对还是错？

在实验室里能培养出人造皮肤。这句话对吗？

（答案见第31页）

机器人手术

现在，有的外科手术是由医生通过控制医疗机器人进行的。利用机器人手上的摄像头，医生可观察整个手术过程。

现代通信是谁发明的？

电话机、收音机、电视机和互联网方便了人与人之间的联系，让我们能即时知晓千里之外发生的事。

送话

1876年，苏格兰人亚历山大·格拉汉姆·贝尔成功研制出了第一台电话机，当时贝尔才二十几岁。

早期的电话机

马可尼发明的无线电报机，1895年

意大利发明家伽利尔摩·马可尼并不是第一个发现无线电波的人，也不是第一个制作无线电设备的人，但在改进和运用无线通信技术方面，马可尼是当之无愧的第一人。

约翰·罗杰·贝尔德

1926年，苏格兰人约翰·罗杰·贝尔德制作了第一台电视机。这台电视机是贝尔德利用零碎的材料做成的，所用材料居然还包括一个帽盒和一个饼干盒！

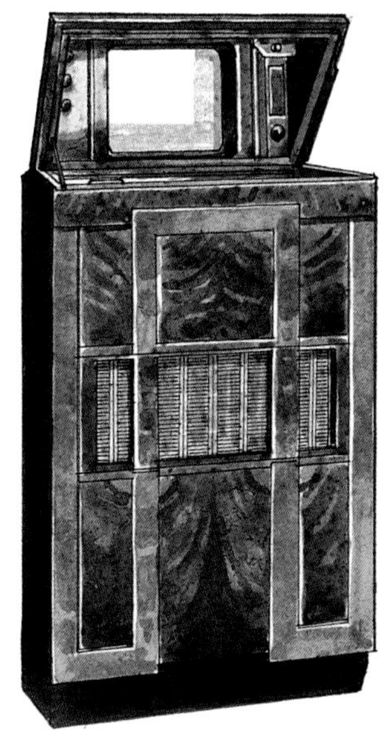

20世纪30年代的电视机

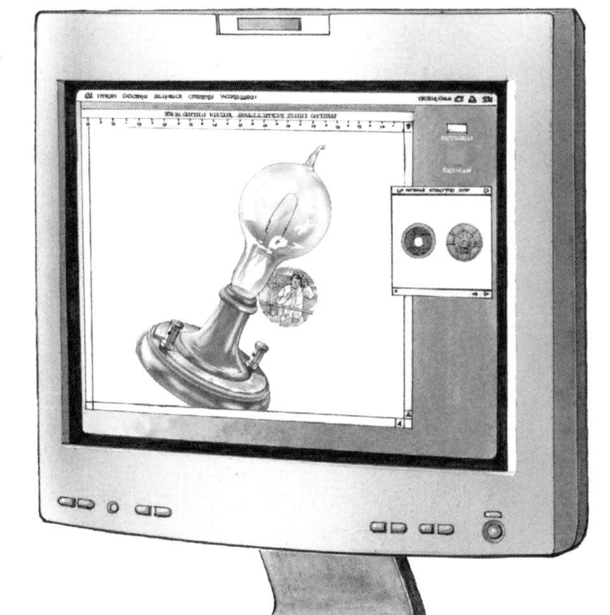

互联网是怎样发展起来的？

在20世纪60年代，美国科学家和工程师把不同地方的计算机连接起来，组成了一个计算机网络。其他国家也纷纷效仿，更多的计算机网络陆续建立起来。在1983年，世界各地的计算机网络都被连接起来，组成了互联网。

未来发明设想

我们现在使用的一些机器和发明令人赞叹不已。在未来，发明家们又会有什么了不起的点子呢？计算机、机器人和遗传学的不断进步，将可能催生出许多改变生活的发明。

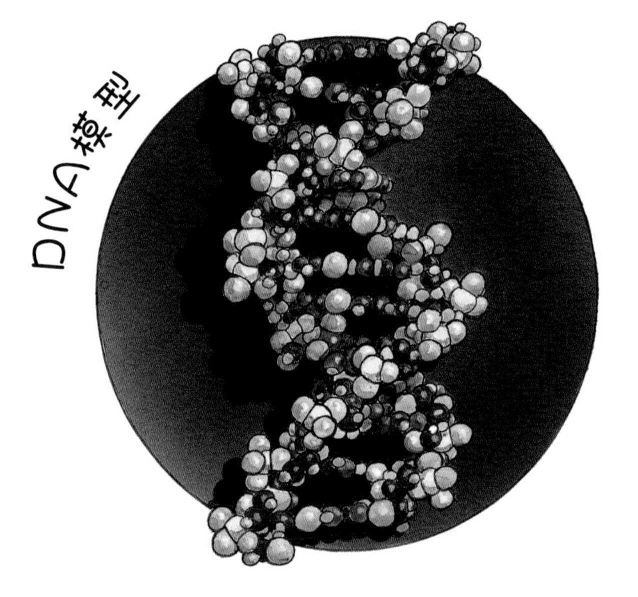
DNA模型

什么是基因工程学？

所有的活细胞中都含有一种叫DNA的物质。DNA包含控制细胞生长的指令，由许多基因片段组成。基因工程是一种改变植物或动物DNA的复杂技术。

许多科学家认为基因工程能创造出品种更优良的农作物。转基因农产品能够给人们提供更多的食物，而且比普通农作物更少患疾病。但也有人认为干预大自然是错误的行为。

全球鹰
无人侦察机

未来机器人

科学家已经研制出了无人驾驶的飞机，在工厂做工的工业机器人，还有能够自然行走的步行机器人，在不久的将来，每家每户都会有一台包揽家务活的家用机器人。

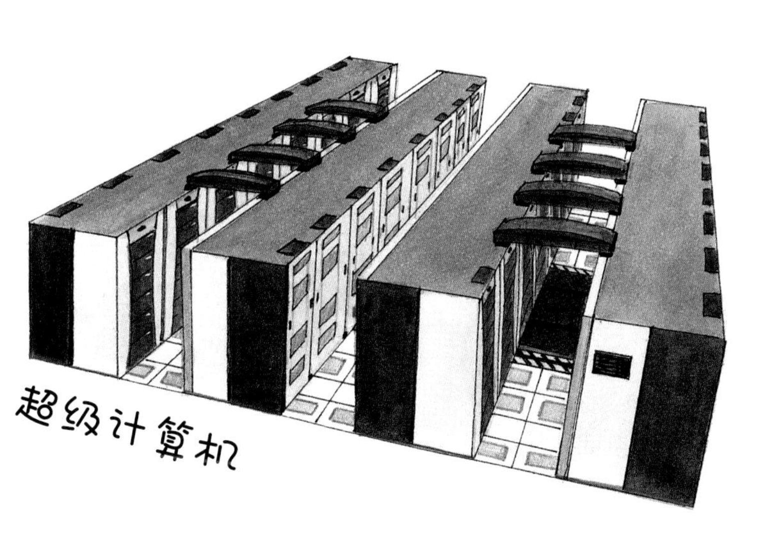

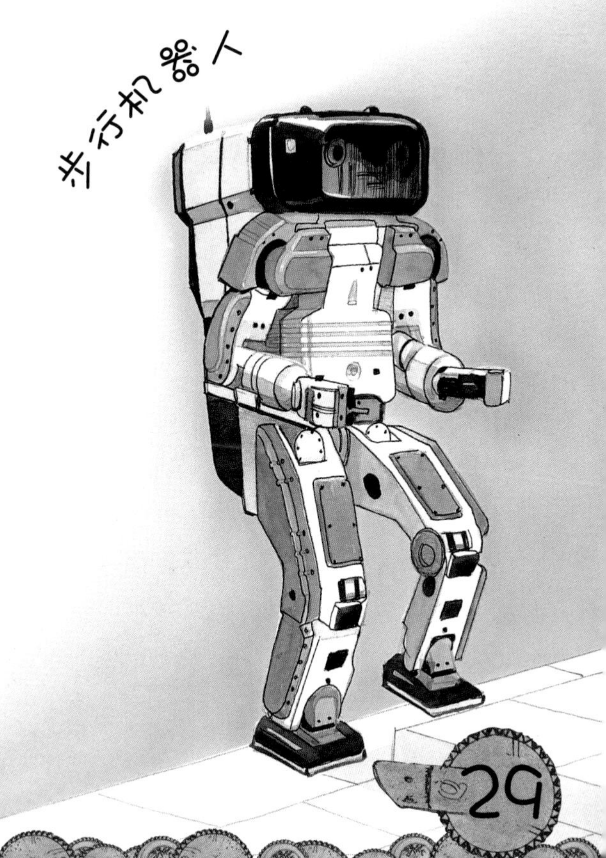

什么是超级计算机？

超级计算机是世界上运算速度最快的计算机。它们负责承担最难的课题，如地球天气和气候研究等等。

词汇

超音速　比音速快。

DNA　所有活细胞含有的一种物质。DNA含有控制细胞生长的指令。DNA的全称是脱氧核糖核酸。

发电机　产生电的机器。电动脚踏车用的电机就是发电机的一种。

刮身板　一种弯曲的铜制片状工具，用来刮除皮肤上的油和污垢。

杠杆　靠在支撑物（又叫支点）上的硬棒。通过移动杠杆的一端，可移动杠杆另一端的重物。

机器人　一种按照编写程序自动执行工作的机器。

基因　使生物的特性代代相传的DNA片段。从父母遗传下来的基因决定了一个人的长相。

计算机网络　几个计算机连接在一起组成的网络。

接种疫苗　将减低了毒性的或者已经没有活性的病毒接种到人或动物体内，使接受者获得抵抗某疾病的免疫力。

麻醉剂　一种让人感觉不到疼痛的药。

气候　天气的长期平均状态。

日晷　一种计量时间的装置。指针（又叫晷针）在晷盘上投下影子，太阳在天上变换位置，晷盘上的影子也随之移动。

石碳酸　苯酚的旧称，一种有毒化学物，过去曾用作医院的消毒剂。现在多用于制药。

双轮战车　古代战场或比赛用的马车，轻巧且速度快。

腕尺　古时的长度单位，由肘至伸展开的指尖的长度。

詹姆斯·瓦特发明的蒸汽机
18世纪80年代

答案

第7页　正确！ 在至少2万年以前，人们就学会利用自然界的物体，例如贝壳，制作灯具。贝壳里被填满油或动物脂肪。而早期的简陋灯芯是用灯心草做成的。

第8页　错误！ 这辆模型车确实是在伊拉克一个古墓中发现的，但可追溯到公元前3000年，也就是说，它至少有5000年历史。

第17页　正确！ 15世纪50年代，约翰内斯·古腾堡印制了一本伟大的圣经。这本圣经又被称为《马萨林圣经》，因为其最好的版本是1760年在巴黎尤勒·马萨林枢机的图书馆中发现的。

第19页　正确！ 1831年，英国科学家和发明家迈克尔·法拉第发现，在线圈周围移动磁铁，线圈中会产生电流。现代发动机沿用同样的方法，利用磁力生产电力。

第21页　错误！ 第一辆蒸汽机驱动的交通工具是一辆三轮拖拉机，这辆拖拉机在1769年由法国陆军工程师尼古拉斯·居纽制造而成，用来运载大炮。

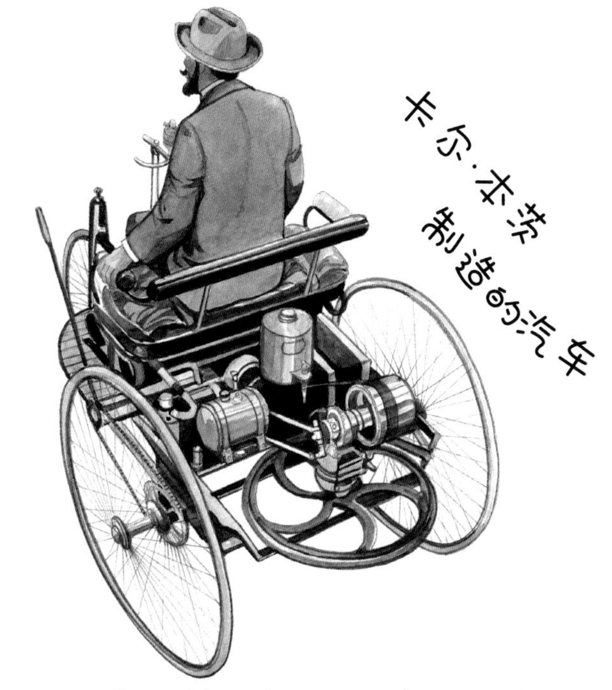

世界上第一辆以汽油为动力的汽车是1885年卡尔·本茨发明的。

第22页　正确！ 洛克希德“黑鸟SR–71侦察机”是从地面起飞的速度最快的飞机。1976年，它的时速达到3 529千米，是音速的三倍多。火箭飞机（见第2页）虽然速度更快，但它不能自己起飞，而是要通过靠更大的飞机发射。

第25页　正确！ 自20世纪70年代起，实验室就开始培育人造皮肤了。被烧伤的病人没有足够的皮肤可用时，可用人造皮来覆盖烧伤。人造皮是用从鲨鱼身上提取的物质做成的哦！

索引（按拼音首字母排序，粗体页码表示该页有关于该词的插图）

用来检查工厂管道的迷你机器人